動物成長小故事

貓頭鷹莉莉

作　　　者：愛瑪‧特倫特爾（Emma Tranter）
繪　　　圖：巴里‧特倫特爾（Barry Tranter）
翻　　　譯：L. K. Sham
責任編輯：黃花窗
美術設計：陳雅琳
出　　　版：新雅文化事業有限公司
　　　　　香港英皇道499號北角工業大廈18樓
　　　　　電話：(852) 2138 7998
　　　　　傳真：(852) 2597 4003
　　　　　網址：http://www.sunya.com.hk
　　　　　電郵：marketing@sunya.com.hk
發　　　行：香港聯合書刊物流有限公司
　　　　　香港新界大埔汀麗路36號中華商務印刷大廈3字樓
　　　　　電話：(852) 2150 2100　傳真：(852) 2407 3062
　　　　　電郵：info@suplogistics.com.hk
印　　　刷：中華商務彩色印刷有限公司
　　　　　香港新界大埔汀麗路36號
版　　　次：二〇一六年五月初版
　　　　　10 9 8 7 6 5 4 3 2 1

ISBN: 978-962-08-6530-5
© Originally published in the English language as "Olive Owl"
Text © Emma Tranter 2016
Illustrations © Barry Tranter 2016
Copyright licensed by Nosy Crow Ltd.
Traditional Chinese Edition © 2016 Sun Ya Publications (HK) Ltd.
18/F, North Point Industrial Building, 499 King's Road, Hong Kong
Published and printed in Hong Kong

動物成長小故事

貓頭鷹莉莉

愛瑪‧特倫特爾 著　　巴里‧特倫特爾 圖

我的叫聲最響亮！

新雅文化事業有限公司
www.sunya.com.hk

幾乎在世界各地都能找到貓頭鷹。

世界上有大約 200 種貓頭鷹，莉莉是一隻猴面鷹。

猴面鷹原名倉鴞，雌性猴面鷹的胸前有一些斑點。

這是莉莉，她是一隻貓頭鷹。你看，莉莉坐在樹枝上，她最愛待在高高的樹梢上。

你好！我是莉莉，很高興認識你！

猴面鷹的叫聲很刺耳。

像莉莉這種猴面鷹都有一張扁扁的、心形的臉。

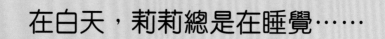

在白天，莉莉總是在睡覺……

大部分貓頭鷹都是站着睡覺的。

呼嚕……呼嚕……

貓頭鷹是夜行性動物，牠們白天休息，晚上才出來活動。

……但是，一到晚上莉莉就會醒來，並四處張望。她每逢晚上都會很忙很忙呢！

要起牀了！

貓頭鷹的眼睛不能移動，但是牠們能轉動頭部來看四周的東西。

貓頭鷹的頭部幾乎可以轉動一圈，牠們可以看到在自己背後的東西呢！

5

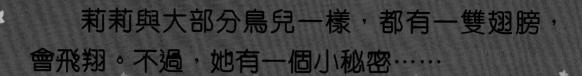

莉莉與大部分鳥兒一樣，都有一雙翅膀，會飛翔。不過，她有一個小秘密……

貓頭鷹的羽毛特別柔軟、蓬鬆，所以牠們飛行時沒什麼聲音。

噓！

貓頭鷹的腳趾上也有羽毛！

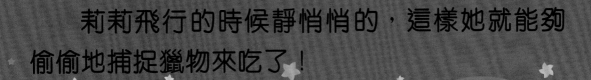

莉莉飛行的時候靜悄悄的，這樣她就能夠偷偷地捕捉獵物來吃了！

貓頭鷹能夠在高空快速俯衝，或在低空盤旋。

猴面鷹展開翅膀的闊度，比一個 5 歲小孩張開雙臂還要闊！

莉莉餓了就會找小動物來吃，她喜歡吃青蛙和各種鼠類。

貓頭鷹沒有牙齒，所以會生吞獵物，或者用喙（嘴巴）把獵物撕開。

貓頭鷹尋找食物時，主要依靠耳朵聽，其次用眼睛看。

猴面鷹主要從獵物中吸收水分。

莉莉發現了好吃的獵物，立即從高空中俯衝下去，用長長、鋒利的爪子捉住獵物，然後把牠吞下！

猴面鷹一年可以吃下差不多 1,000 隻老鼠。

嘩，這隻老鼠很肥美啊！

貓頭鷹消化獵物後，會把變成了一團一團的骨頭和毛皮吐出來。

莉莉也有捱餓的時候。因為她身上柔軟的羽毛不防水，所以每當下雨天她就無法外出找食物了。

我好餓……

如果連續數天下雨，貓頭鷹就要天天捱餓了。

反而，下雪天不是大問題，因為貓頭鷹的聽覺靈敏，能夠聽到雪堆下獵物走動的聲音。

如果很多天都下雨，莉莉便要在白天找食物了。但在白天，鳥媽媽們會聯手趕走莉莉，防止她捕捉自己的鳥寶寶。莉莉很可憐啊！

我要趕快逃走了！

烏鴉甚至會攻擊貓頭鷹。

貓頭鷹最怕被羣鳥圍攻。

莉莉一歲了，是時候找個伴侶。她現在留心地聽着雄性貓頭鷹的求偶聲音。

猴面鷹會在樹洞、舊的穀倉、山洞，甚至乾草堆的地方築巢。

我該選哪個呢？

喊嘶！

莉莉找到對象後，就會住進他的鳥巢。

喊嘶！

喊嘶！

喊嘶！

大部分貓頭鷹會跟自己的伴侶一生一世！

猴面鷹經常在穀倉裏築巢，所以又叫「穀倉貓頭鷹」。

如果一隻雄性貓頭鷹同時被兩隻雌性貓頭鷹看上，牠就會選胸前斑點較多的一隻！

13

莉莉選了忠忠。忠忠在樹洞找到了一個好地方，止好用來組織家庭。你看，忠忠對莉莉展開追求，之後一起回到樹洞。

你好，我叫忠忠。

快來追我吧！

雄性貓頭鷹追求對象的時候，會跟雌性貓頭鷹在空中追追逐逐。

這種追追逐逐是貓頭鷹求偶的方式，牠們互相了解後才會交配。

忠忠追求莉莉的時候，會送上獵物作禮物。他們越來越親密，還依偎在一起。

忠忠，我很喜歡你。

我也很喜歡你。

貓頭鷹在求偶階段會替對方整理儀容，以及互相擦臉。

這個時候，貓頭鷹還會互相低聲咯咯地笑來傳情。

忠忠在晚上找食物，一直到天亮⋯⋯

我要去找更多好吃的食物。

⋯⋯然後把獵物帶回去給莉莉吃。

貓頭鷹媽媽
會用肚子替
鳥蛋保暖。

貓頭鷹通
常在暮春
下蛋。

17

一個月後，莉莉的鳥蛋孵出小小的、粉紅色的雛鳥。貓頭鷹寶寶很可愛啊！

剛孵出來的雛鳥看不見東西，身上也沒有羽毛，很惹人憐愛。

雛鳥 10 天大的時候，開始長出絨毛。

雛鳥的嘴巴長了一顆小小的卵齒，幫助牠破殼而出。

貓頭鷹寶寶生長得很快，不久就長出一層厚厚、鬆軟的羽毛。

兩星期後，雛鳥長出了較厚的羽毛來保持溫暖。

我已經有能力生吞老鼠呢！

雛鳥 6 星期大的時候，成年羽毛會在絨毛下生長出來。

在初期，莉莉會日夜陪伴貓頭鷹寶寶，
而忠忠則負責找食物給家人吃。

貓頭鷹寶寶在不
同時間孵化，哥
哥姊姊長得大一
點，也吵一點。

有時候，貓頭
鷹寶寶每天要
進食 10 次。

給我！給我！給我！

貓頭鷹寶寶日漸強壯，這時候莉莉就會和
忠忠一起外出找食物。

貓頭鷹寶寶每晚
的食量可以相當
於自己的體重！

21

貓頭鷹寶寶平常蹦蹦跳跳，大約在第 8 個星期開始學習飛行。

你先試試吧！

我站在這裏看你飛。

雛鳥開始學飛是成長的一大步呢！

貓頭鷹寶寶會飛了，之後還
會學習自己找食物和照顧自己。

雛鳥學會飛之後，還會待在鳥巢附近生活數個月。

噠！

貓頭鷹寶寶即使學會了飛，有時候也會回巢請爸媽給牠一點食物。

23

這是莉莉的女兒，她叫露露。露露是一隻貓頭鷹。你看，露露坐在樹枝上，她最愛待在高高的樹梢上。

你好！我是露露，很高興認識你！

猴面鷹能活 20 年。

大部分貓頭鷹自己生活或與一個伴侶一起生活。

貓頭鷹經常棲息在樹上安全、舒適的地方。

貓頭鷹的生命周期

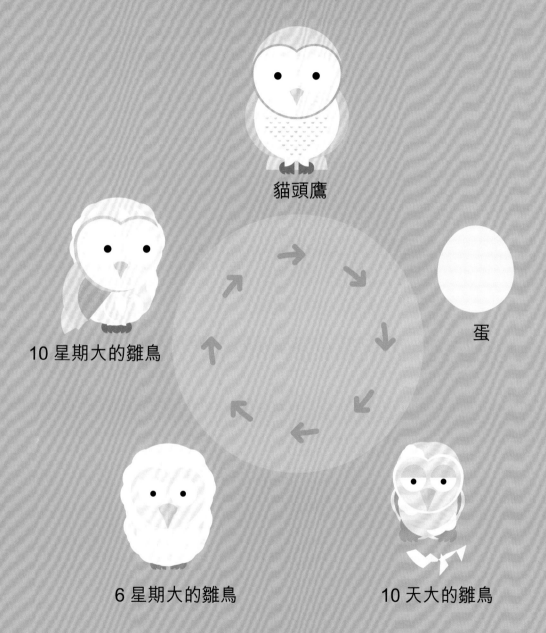

貓頭鷹

蛋

10 星期大的雛鳥

6 星期大的雛鳥

10 天大的雛鳥